食·新味

暖  心

家常菜 温暖人心

饿醒食分◎主编

U0376344

吉林科学技术出版社

图书在版编目（CIP）数据

食·新味．暖心家常菜 / 饿醒食分主编．-- 长春：
吉林科学技术出版社，2019.10
ISBN 978-7-5578-5766-0

Ⅰ．①食… Ⅱ．①饿… Ⅲ．①家常菜肴—菜谱 Ⅳ.
① TS972.12

中国版本图书馆 CIP 数据核字（2019）第 160703 号

食·新味
NUANXIN JIACHANGCAI

暖心家常菜

主　　编　饿醒食分
出 版 人　李　梁
责任编辑　朱　萌　李永百
封面设计　吉林省吉广国际广告股份有限公司
制　　版　长春美印图文设计有限公司
幅面尺寸　167 mm×235 mm
字　　数　200千字
印　　张　12.5
印　　数　1-6 000册
版　　次　2019年10月第1版
印　　次　2019年10月第1次印刷

出　　版　吉林科学技术出版社
发　　行　吉林科学技术出版社
地　　址　长春市净月区福祉大路5788号出版集团 A 座
邮　　编　130118
发行部电话 / 传真　0431-81629529　81629530　81629531
　　　　　　　　　　81629532　81629533　81629534

储运部电话　0431-86059116
编辑部电话　0431-81629518
印　　刷　吉林省吉广国际广告股份有限公司

书　　号　ISBN 978-7-5578-5766-0
定　　价　39.90元

前言
FOREWORD

"心不在焉，视而不见，听而不闻，食而不知其味。"生活有很多时候都是不如意的，让你食不安，寝不寐，然而这些都不要成为压倒你的稻草，你要努力生活，好好吃饭。

让忙碌的生活过得暖心又有品质，让一天的疲惫烟消云散，让一切的一切变得柔和而自然，做一桌暖心的家常菜，让食物来释放你的压力，让你的思绪放空，心情变得愉悦。人们都说美食会让人的幸福感爆棚，也许你的生活正是缺少这种幸福感。何不让无心变有心，让冷漠变暖心，给自己的生活增添一抹新意，翻开这本暖心的图书，让生活开启新的篇章。

《暖心家常菜》以一年四季为线索，按春夏秋冬分成四章，为你呈现一年四季的暖心菜谱。帮你解决吃饭难，吃什么更难的问题。希望阅读本书的你，让吃饭不再乏味枯燥，让生活充满幸福感！

目录

第一章　赶鲜春季暖心菜

注：1 小匙 ≈ 2g　1 大匙 ≈ 10g

第二章　绝味夏季暖心菜

第三章　经典秋季暖心菜

第四章 特色冬季暖心菜

第一章
赶鲜 春季暖心菜

春季，正是赶鲜的季节，万物复苏，生机勃勃。这个季节有最鲜的食材，选择时令的、味美的食物，为家人烹调一道充满爱意的家常菜吧。

莴笋金针汤

　　莴笋，质脆嫩鲜美，春冬采收，当季之食。莴笋外显青碧，通体翠绿，色香俱佳，具清火利尿、活血通乳之功效。

　　莴笋性凉，脆嫩爽口，是温热季节及偏燥体征首选健康食材，女性常食排毒养颜，男性食之降燥平火。莴笋与金针菇搭配成肴，更是添香万种。富含多种氨基酸的菌菇，与莴笋煲汤，文火煮沸，观汤食素白清雅，清淡润绿，菌菜表里皆幽香。

　　暖心，必先清心。做一盘家常菜，煲一碗暖心汤，于营养一身，在清冽的节气烟火里，不慌不忙，却是用心付出，静享食材之美与慢煮时光。

莴笋金针汤

◎原料　　金针菇 150 克，莴笋 100 克，豆干、水发香菇各 50 克，香菜段 15 克，鸡蛋 1 个，姜丝、盐、鸡精、胡椒粉、酱油、黑醋、水淀粉、植物油各适量，鲜汤 1000 克。

◎步骤

1 金针菇放入淡盐水中浸泡片刻，去根，洗净，切成小段，下入沸水锅中焯烫一下，捞出沥干。

2 莴笋、香菇分别洗涤整理干净，切成丝；豆干片薄，再切成丝；锅中加入清水烧沸，放入莴笋丝、香菇丝和豆干丝略焯，捞出沥水。

3 鸡蛋磕入碗中，用筷子搅散成鸡蛋液。

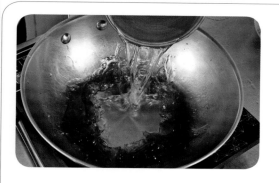

4 锅中加入植物油烧至六成热，下入姜丝炒出香味，添入鲜汤，加入酱油、盐、鸡精烧沸。

5 放入金针菇、豆干丝、香菇丝和莴笋丝煮沸，然后加入胡椒粉调匀，用水淀粉勾芡，淋入黑醋。

6 撇去浮沫，淋入鸡蛋液。

7 出锅盛入碗中，撒上香菜段即成。

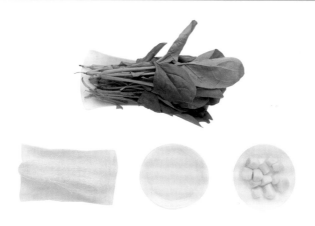

芥末粉丝菠菜

菠菜含铁量丰富，能补充人体维生素和血红蛋白。心脏属于主血脏器，从这点上看，平淡无奇的菠菜，实则是最暖心的。

菠菜做法较多，但多以凉拌为主，这种做法既不失色泽，又不会因过热烹饪而导致营养流失。在味觉搭配上，主味偏麻辣鲜辛，这样不仅可以调配菠菜的清素，也有利于口感满足。辅以芥末油，加上焯熟的粉丝，以红皮花生点缀，浇上辣椒油拌匀。这道北方最著名的家常菜，不仅仅是口感上的贪恋，更像是一种记忆，用红绿白调色的温暖的家乡菜，开胃爽口自然不必多说，那股香辛的芥末气味，常会呛得人涕泪横流，却依然不舍得放弃，混杂生活的诸多味觉，覆盖一些酸咸，一并咽下。

芥末粉丝菠菜

◎ 原料　　菠菜 250 克，粉丝 50 克，芥末油适量，盐、熟芝麻各适量，蒜 1 头，
　　　　　榨好的辣椒油适量。

◎ 步骤

1 菠菜清洗干净，切成
菠菜段；蒜拍碎，切
成蒜末。

2 粉丝放入清水中泡软，
再放入沸水中焯烫，
捞出冲凉备用。

3 菠菜放入沸水中焯烫，
捞出冲凉备用。

4 将粉丝、菠菜放入大碗中，加入适量的盐。

5 放入蒜末。

6 放入芥末油。

7 放入辣椒油搅拌均匀，撒上熟芝麻即可食用。

香卤牛腱子

◎原料　牛腱子 1000 克，蒜瓣 25 克，料酒 3 大匙，生抽 1 小匙，辣椒油 1/2 小匙，花椒油、香油、植物油、卤水各适量。

◎步骤

1 蒜瓣去皮，洗净，切碎，再下入热油锅中炒出香味，出锅，装入碗中。

2 牛腱子放入清水中泡去血水，洗净，再切成大块，下入水中烧热，焯烫一下，捞出冲凉，然后放入清水锅中烧沸，用中小火煮约1小时，捞出沥干。

3 锅置火上，加入卤水、料酒烧沸，放入牛腱肉，用大火煮约30分钟至熟烂，离火后浸泡30分钟至入味。

4 捞出牛腱肉，晾凉，横着纹路切成大片，整齐地码放在盘中；生抽、香油、辣椒油、花椒油放入蒜泥碗中拌匀，制成味汁。

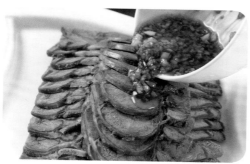

5 将味汁均匀地淋在切好的牛肉片上即可。

成品

芦笋百合北极贝

◎原料　芦笋 300 克，百合、北极贝肉各 100 克，盐 1/3 小匙，鸡精 1/2 小匙，料酒、水淀粉各 1 大匙，植物油 2 大匙。

◎步骤

1 芦笋去老根、外皮，洗净，切成 3 厘米长的小段。

2 百合掰瓣，洗净，沥水。

3 北极贝肉加少许水淀粉拌匀，放入滤盆中，浸入清水中轻轻晃动，洗净杂质，取出贝肉，放在净布上，包裹后攥干水分。

4 芦笋段、百合瓣、北极贝肉分别放入沸水锅中焯至断生，捞出，沥水。

5 锅中加入植物油烧热，下入芦笋段和百合瓣煸炒片刻，再放入北极贝肉，烹入料酒，用大火快速翻炒片刻。

6 加入盐、鸡精调好口味，用水淀粉勾薄芡，即可出锅装盘。

成品

鸡丝茼蒿秆

◎原料　　茼蒿 300 克，鸡胸肉 200 克，红椒 15 克，鸡蛋清 1 个，蒜末 15 克，
　　　　　盐、鸡精各 1 小匙，水淀粉 1 大匙，植物油 600 克 (约耗 50 克)。

◎步骤

1 茼蒿去根和老叶，用清水洗净，沥净水分，切成 3 厘米长的小段。

2 红椒去蒂及籽，用清水洗净，沥去水分，切成丝。

3 鸡胸肉洗净，擦净表面水分，剔除筋膜，改刀切成细丝，放入小碗内，加入少许盐、水淀粉、植物油和鸡蛋清拌匀，腌制10分钟。

4 锅中放植物油烧至四成热，下入鸡肉丝滑散、滑透，捞出沥油。

5 锅内留少许底油烧热，下入红椒丝、蒜末炒香，放入茼蒿翻炒均匀，再放入鸡肉丝略炒。

6 加入盐、鸡精调味，用水淀粉勾芡，装盘即可。

成品

南瓜炒芦笋

　　南瓜，内瓤橙黄，葵花般暖色。在缺乏主食的时候，南瓜便是最好的主食。它富含多种维生素与不饱和脂肪酸，说其暖心之处，大抵没有其他食物比它更温暖了。不饱和脂肪酸可以调节血脂平衡，降低心脏负荷，减少发生心脏疾病的风险。外表显得木讷的南瓜，可以与很多食材搭配成菜肴，组成最佳拍档。

　　南瓜与芦笋的组合渊源颇深。南瓜淀粉居多，俗称面瓜，与质地柔软的食材焓拌炒煮，自然和成一团，不忍目睹。芦笋的清秀与韧嫩，与南瓜的绵软发挥得刚柔并济。南瓜的利尿降糖与芦笋的清肠减肥搭配起来，既温暖了内心，又苗条了身材。

　　我们的内心，经常会要求一举而两得，并不是它很贪婪，而是它更注重效率与关爱。于饮食上的暖心，不仅温暖自己，也温暖着家人。

南瓜炒芦笋

◎原料 南瓜 200 克，芦笋 150 克，蒜片 10 克，盐、鸡精各 1/2 小匙，料酒 1 小匙，香油 1/3 小匙，水淀粉、植物油各 1 大匙。

◎步骤

1 南瓜洗净，削去外皮，对半切开后去掉瓜瓤，先切成块，再切成长 5 厘米、宽 1 厘米的长条。

2 芦笋切去老根，再用小刀削去外皮，洗净，沥水，切成小段。

3 坐锅点火，加入清水和少许盐烧煮至沸，先放入南瓜条焯烫，再放入芦笋段焯透，捞出南瓜条和芦笋段，过凉，沥净水分。

4 净锅置火上，加入植物油烧至五成热，下入蒜片炒香。

5 放入南瓜条、芦笋段略炒，烹入料酒，加入盐、鸡精炒匀。

6 用水淀粉勾薄芡，淋入香油，出锅装盘。

成品

肉丝炒空心菜

◎ 原料　　空心菜 500 克，猪瘦肉 150 克，葱、姜片、蒜瓣各 5 克，盐、鸡精、
　　　　　白糖各 1/2 小匙，料酒、水淀粉各 1 小匙，植物油 100 克。

◎ 步骤

1 空心菜去根，洗净，
捞出沥水，切成4厘米
长的小段，放入沸水锅中
焯烫一下，捞出过凉，沥
水。

2 葱、姜片分别洗净，
均切成细丝；蒜瓣去
皮，切片。

3 猪瘦肉剔去筋膜，洗
净，沥水，切成5厘
米长的细丝，放入碗中，
加入少许盐、鸡精、水淀
粉抓匀上浆。

4 锅中加入植物油烧热，下入肉丝滑散、滑透，捞出沥油。

5 锅内留少许底油烧热，先下入葱丝、姜丝、蒜片炒出香味，再烹入料酒。

6 放入猪肉丝、盐、白糖、鸡精略炒，再放入空心菜，用大火快速炒匀，出锅装盘即成。

成品

榄菜四季豆

◎原料　　四季豆 800 克，瓶装橄榄菜 200 克，尖椒 25 克，蒜瓣 15 克，盐、味精各 1 小匙，料酒少许，香油 1/2 小匙，熟猪油 3 大匙。

◎步骤

1 尖椒去蒂及籽，洗净，沥去水分，切成尖椒圈。

2 蒜瓣去皮，放在碗中捣烂成蓉；橄榄菜取出，放在盘内。

3 四季豆撕去豆筋，洗净，切成小段，放入加有少许盐的沸水中焯烫一下，捞出，沥水。

4 锅中加熟猪油烧至八成热，放入四季豆炒至九分熟，盛出。

5 锅内加入熟猪油烧至六成热，先下入蒜蓉煸炒出香味，再放入橄榄菜炒匀。

6 放入尖椒圈略炒，烹入料酒，再放入四季豆炒至熟嫩，然后加入盐、味精炒匀，淋入香油，出锅装盘即成。

成品

海鲜炒韭黄

◎原料　鲜鱿鱼1个，虾仁、海螺肉、韭黄各100克，水发木耳、红尖椒各50克，鸡蛋2个，盐、味精各1小匙，料酒1大匙，植物油2大匙。

◎步骤

1　韭黄择洗干净，沥净水分，切成3厘米长的小段；水发木耳去蒂，洗净，切成丝。

2　红尖椒去籽，洗净，切成丝；海螺肉放入淡盐水中浸泡并洗净，取出沥水，片成大片；将鱿鱼片、虾仁和海螺片放入沸水锅内焯烫一下，捞出沥干。

3　鲜鱿鱼去外膜和内脏，洗涤整理干净，切成片；虾仁去沙线，洗净，加入少许盐、料酒拌匀，腌制片刻。

4 鸡蛋磕入碗中搅匀，放入热油锅中摊成蛋皮，取出切成丝。

5 锅中加植物油烧至七成热，放入鱿鱼片、虾仁、海螺片稍炒，烹入料酒。

6 放入韭黄段、木耳丝和红尖椒丝翻炒均匀，加入盐、味精调味，撒上蛋皮丝炒匀，出锅装盘即可。

成品

山药炒蚬肉

◎原料　活蚬子 500 克，山药 200 克，香菜 50 克，葱、姜块各 15 克，盐、鸡精、料酒、花椒油、植物油各适量。

◎步骤

1 香菜去根和老叶，用清水洗净，切成小段。

2 葱、姜块分别洗净，均切成细丝。

3 山药削去外皮，用清水洗净，切成菱形片，放入沸水锅内略烫片刻，捞出沥水。

4 活蚬子放入清水盆内，加入少许植物油浸泡30分钟，捞出蚬子，沥净水分，放在大碗里，上屉蒸至九分熟，取出蚬肉，用原汤洗净。

5 坐锅点火，加入植物油烧热，先下入葱丝、姜丝煸炒出香味。

6 烹入料酒，放入山药、蚬肉，加入盐、鸡精翻炒均匀，撒入香菜段炒匀，淋入花椒油，出锅装盘即成。

成品

糖醋里脊

◎原料　猪里脊肉 200 克，洋葱、胡萝卜各少许，鸡蛋 1 个，盐、味精各少许，白糖 3 大匙，白醋、番茄酱各 1 大匙，酱油 1/2 大匙，水淀粉适量，植物油 1000 克 (约耗 75 克)。

◎步骤

1 洋葱剥去外皮，用清水洗净，切成小瓣。

2 胡萝卜洗净，削去外皮，切成菱形片。

3 碗中加入白糖、白醋、酱油、盐和少许水淀粉调成芡汁。

4 猪里脊肉切成厚片，表面剞上浅十字花刀，再切成菱形片，放入碗中，加入少许盐、味精、鸡蛋液、水淀粉调匀上浆。

5 锅中加入植物油烧至七成热，下入里脊肉炸至呈金黄色，捞出沥油；净锅置火上，加入植物油烧热，下入洋葱、胡萝卜煸炒一下。

6 加入番茄酱稍炒片刻，再烹入芡汁炒匀，然后放入炸好的肉片，用大火快速翻炒均匀，淋上少许明油炒匀，即可出锅装盘。

成品

莴笋炒肝片

◎原料　　猪肝 250 克，莴笋 100 克，红椒 20 克，姜片、葱段各少许，盐、胡椒粉、白糖各 1/2 小匙，味精、淀粉、料酒各 1 小匙，水淀粉适量，植物油 3 大匙。

◎步骤

1 莴笋去根和皮，洗净，沥水，切成菱形片。

2 红椒洗净，去蒂及籽，切成菱形片。

3 盐、白糖、料酒和水淀粉放入小碗中调匀成芡汁。

4 猪肝剔去筋膜，用清水洗净，擦净表面水分，放在案板上，用快刀切成厚片，放在碗里，加入少许盐、料酒、味精、淀粉拌匀，入味上浆。

5 锅中加植物油烧至五成热，下入猪肝片滑散、滑透，捞出沥油。

6 锅留底油烧热，下入姜片、葱段煸炒出香味，放入莴笋片、红椒片炒至莴笋片断生，再放入猪肝片炒匀，烹入芡汁，加入胡椒粉和味精炒匀，出锅装盘即成。

成品

韭黄炒肚丝

◎原料　熟猪肚300克，韭黄200克，红辣椒2个，盐、花椒油各1小匙，米醋、料酒各1大匙，植物油2大匙。

◎步骤

1 韭黄择洗干净，沥去水分，切成5厘米长的段。

2 红辣椒洗净，去蒂及籽，切成细丝。

3 熟猪肚内侧翻过来，片去油脂和杂质，用清水洗净；锅置火上，加入适量清水和料酒烧沸，放入猪肚焯烫一下，捞出猪肚，放入冷水中过凉，沥去水分，切成细丝。

4 锅置火上，加入植物油烧至七成热，下入红辣椒丝爆炒出香味。

5 烹入料酒，放入猪肚丝，用大火快速翻炒至均匀入味。

6 撒入韭黄段翻炒至熟，再加入盐、米醋翻炒均匀，淋上烧热的花椒油炒匀，出锅装盘即成。

成品

素炒香菇丝

◎原料　香菇 250 克，香菜、净冬笋各 50 克，姜末 5 克，味精 1/2 小匙，胡椒粉、白糖、淀粉、香油各 1 小匙，酱油 4 大匙，香菇汤 100 克，植物油 500 克。

◎步骤

1　香菜择洗干净，切成小段；净冬笋切成细丝。

2　酱油、白糖、味精、胡椒粉、香菇汤和少许淀粉调成芡汁。

3　香菇洗净，放在容器里，加入少许温水浸泡至软，捞出去蒂，攥净水分，用剪刀沿边缘旋转剪成细条，用酱油、味精拌匀，腌渍15分钟；取出腌好的香菇条挤去酱油，再放入碗中，加入淀粉裹匀。

4 锅中加入植物油烧至八成热，放入香菇丝炸至呈黄褐色，捞出沥油。

5 锅留底油烧至六成热，先下入姜末略煸出香味，再放入冬笋丝翻炒至熟，最后加入炸好的香菇丝。

6 烹入芡汁，淋入香油炒匀，出锅装盘，撒上香菜段即成。

成品

上汤芥蓝

◎原料　芥蓝 250 克，冬笋、火腿丝各 25 克，香菇 15 克，葱段、姜片、盐、鸡精、高汤、水淀粉、熟猪油各适量。

◎步骤

1 香菇用温水泡软，去蒂，洗净，攥干水分，切成丝；冬笋去根，洗净，切成丝。

2 火腿丝、香菇丝、冬笋丝放入碗内，上笼蒸熟，取出。

3 芥蓝洗净，去根及老皮，切成段，放入加有少许熟猪油的沸水中快速焯烫一下，捞出沥水，码放在盛有三丝的碗内。

4 净锅置火上，加入熟猪油烧热，下入葱段和姜片炝锅，捞出葱段和姜片不用，添入高汤烧沸，加入盐、鸡精。

5 将上述油汁出锅浇在盛有芥蓝的碗内，入笼蒸至芥蓝熟透，取出。

6 将碗倒扣入盘中，高汤入锅中烧沸，勾薄芡，浇在盘中即成。

成品

冬瓜八宝汤

◎ 原料　　冬瓜 250 克，干贝、虾仁、猪肉各 50 克，香菇 30 克，胡萝卜 20 克，
葱花 15 克，姜片 10 克，盐 1 小匙，熟猪油 5 小匙。

◎ 步骤

1 冬瓜去皮及瓤，洗净，切成小块，放入加有少许盐的沸水中煮3分钟，捞出沥水；胡萝卜去根及皮，洗净，切成菱形薄片；虾仁去沙线，洗净；猪肉洗净，切成小片；香菇用温水泡透，去蒂，洗净，切成块。

2 干贝放入碗中，加适量清水，上屉蒸20分钟，取出后撕成丝。

3 锅中加熟猪油烧热，下入姜片略炒，再下入猪肉片炒至变色。

4 添入适量清水烧沸。

5 放入干贝丝和虾仁煮熟，再放入冬瓜块、香菇和胡萝卜片，转小火续煮3分钟左右。

6 加入盐调好口味，撒上葱花即可。

成品

莲藕黄豆排骨汤

◎ 原料　猪排骨 200 克，莲藕 150 克，黄豆芽 50 克，香菜末 25 克，葱段、姜片、盐、花椒粉、生抽、料酒、高汤、植物油各适量。

◎ 步骤

1 莲藕去皮、藕节，洗净，切成滚刀块，再放入沸水锅中快速焯烫一下，捞出过凉。

2 黄豆芽洗净，用清水浸泡2小时，捞出。

3 猪排骨洗净，先顺骨缝切成长条，再剁成5厘米长的小段；锅中加入清水，放入猪排骨烧沸，煮出血水，捞出洗净。

4 净锅置火上，加入植物油烧至五成热，下入葱段、姜片炝锅，再放入猪排骨段，用大火煸炒干水分。

5 锅中烹入料酒，添入高汤烧沸，倒在砂锅内。

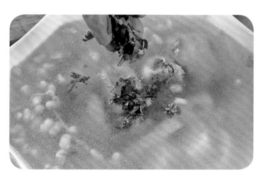

6 砂锅中加入莲藕块、黄豆芽、盐、生抽、花椒粉，置火上烧沸，然后转小火炖至熟烂，撒入香菜末，即可出锅装碗。

成品

蟹肉小笼包

◎原料　中筋面粉 200 克，猪五花肉 150 克，螃蟹 2 个，葱花 30 克，盐、鸡精、白糖、胡椒粉、香油各适量，熟猪油 200 克。

◎步骤

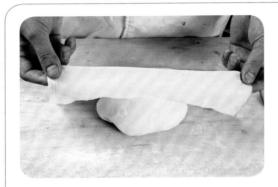

1 中筋面粉放在盆内，加入熟猪油 80 克拌匀，倒入适量清水，揉匀成较软的面团，盖上湿布，稍饧。

2 螃蟹洗净，上屉用大火蒸 10 分钟至熟，剔出蟹肉。

3 猪五花肉去除筋膜，洗净，剁成肉蓉，放入碗中，加入葱花、盐、白糖和鸡精调拌均匀，再加入胡椒粉、香油、熟猪油和蟹肉搅拌均匀，制成馅料。

4 面团分成12等份，放在案板上，用擀面杖擀成圆形面皮。

5 取1张面皮，中间放入适量馅料，捏合收拢成小笼包生坯。

6 蒸锅加水，置大火上烧沸，放入小笼包蒸8分钟至熟即可。

成品

第二章
绝味 夏季暖心菜

夏季，正是物产最丰富的季节，一道暖心家常菜，香味四溢，安全、无毒、原味，让家人感受夏日的灿烂。

荷香卤肉饭

　　问子今何去，出采江南莲。夏荷清香，沁人心脾，其荷叶具有清热解暑、降压利尿、瘦身降脂的功效。依据节气养生的理念，夏日当以温凉食材，中和暑气。

　　卤肉美食，光凭香气便让人欲罢不能。五花肉，辅以各种调料，加盐卤调和，沥水投料熬煮，至汤汁香浓，肉香萦绕，纵使再多定力，也难阻挡美食的魅力。但卤肉油脂偏高，营养过剩，尤其在炎炎夏日摄入高脂肪食物，会造成体内能量淤积，使体态肥胖。看似一张荷叶的包裹，恰恰让暑气和热量达到均衡，一开一合，一荤一素，一补一泄。温和之道，在于加减增灭，见证内心去留平衡。

荷香卤肉饭

◎原料　带皮五花肉 400 克，大米 250 克，荷叶 1 张，香菜段少许，葱花、味精、五香粉、白糖、料酒各少许，香油 1 小匙，酱油 1 大匙，卤水适量。

◎步骤

1 大米淘洗干净，放入清水中浸泡30分钟，再放入锅中，用小火炒至米粒膨胀、熟透，盛出；荷叶洗净，入沸水锅内烫软，取出冲净，沥水。

2 带皮五花肉洗净，放入清水中浸泡，切成块，再放入清水锅中烧沸，焯烫出血污，捞出沥水。

3 将带皮五花肉块放入卤水中烧沸，转小火卤至刚熟，捞出沥干，加大米、酱油、白糖、五香粉、料酒、味精拌匀，腌30分钟。

4 荷叶铺入蒸笼内垫底，放入搅拌好的带皮五花肉块和大米。

5 将蒸笼放入蒸锅内烧沸，用大火蒸约30分钟至肉块熟烂入味；取出蒸笼，趁热撒上葱花、香菜段，淋入香油即可。

成品

豉汁苦瓜

　　淡豆豉加入椒盐、葱姜蒜等食材煎煮熬汁，既为美食佐料，又为本草之方，具有"大除烦热"之功效。表面看似简单的酱汁，却有温中理胃的内心。

　　苦瓜的功效在于解毒清表，祛火和中，味觉微苦，属凉性食材。单食苦瓜，属实难以下咽。苦瓜其他烹饪做法，也难解其性。唯独与豉汁的结合，以酱汁浇取，中火烹制，豆豉的香气在与苦瓜的气味调和中，解凉去苦，别有甘味。

　　中医五行理论认为"苦味入心"，心属火，苦味走心经，过苦则伤心。所以，作为一道暖心家常菜，自然不能被"伤心"。豉汁苦瓜，以密炼酱汁化开内心之苦，于唇齿间留豉香余绕，清火去热，明理暖心。

豉汁苦瓜

◎ 原料　　苦瓜 1 根，红柿子椒 1 个，豆豉 20 克，植物油适量。

◎ 步骤

1 红柿子椒洗净，切丁；
苦瓜洗净，去蒂。

2 将苦瓜切成 3~4cm
的段，剖开去掉瓤、
籽。

3 再将苦瓜切成 1cm 宽
的段备用。

4 苦瓜放入沸水中焯烫片刻，捞出沥干水分，码到盘中，备用。

5 炒锅放入植物油，将切好的红柿子椒、豆豉放入锅中爆炒。

6 待豆豉炒出香味，捞出，浇在苦瓜上即可食用。

翡翠松子羹

◎原料　西蓝花 500 克，松子仁 75 克，西芹 50 克，姜末 5 克，盐、白糖各 1/2 大匙，水淀粉 3 大匙，高汤 500 克，植物油适量。

◎步骤

1 将松子仁洗净，沥干水分，放入四成热油中炸至呈浅黄色，捞出沥油。

2 西芹去根，洗净，入沸水锅内焯烫一下，捞出，切成碎粒。

3 将西蓝花洗净，掰成小朵，放入沸水锅中，焯烫一下，捞出沥水；放入榨汁机中，加入适量清水搅打成绿色菜汁。

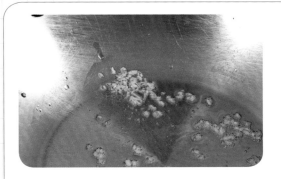

4 净锅置火上，加入植物油烧热，下入姜末煸炒出香味。

5 加入高汤和西蓝花汁，用小火煮沸，加入盐、白糖调好口味，用水淀粉勾薄芡。

6 出锅盛入小盅内，撒入松子仁和西芹末即可。

成品

桂花土豆丝

◎原料　　土豆 150 克，鸡蛋 2 个，绿豆芽 50 克，粉丝 20 克，葱末、姜末、盐、白糖、胡椒粉、香油、植物油各适量。

◎步骤

1 土豆洗净，削去外皮，切成细丝，放入碗中，加入盐拌匀，洗净后再放入清水中浸泡3分钟。

2 粉丝用清水浸洗干净，再放入沸水中焯烫一下，捞出沥干；绿豆芽洗净，用沸水略烫一下，捞出沥干。

3 将鸡蛋磕入碗中，加入少许盐、植物油、胡椒粉打散成鸡蛋液。

4 将土豆丝、粉丝、绿豆芽一同放入碗中，加入盐、白糖、胡椒粉及打散的鸡蛋液调匀。

5 取小碗1个，加入姜末、葱末、盐、白糖、香油、胡椒粉调匀成味汁。

6 净锅置火上，加入植物油烧至六成热，放入拌好的土豆丝炒散，再烹入味汁调好口味，出锅装盘即成。

成品

锦绣蒸蛋

◎ 原料　　鸡蛋 3 个，虾仁、干贝、火腿各 20 克，青椒、红椒各 15 克，葱末、姜末各 5 克，盐、鸡精各 1/2 小匙，白糖、胡椒粉各 1/3 小匙，水淀粉 1 大匙，香油 1 小匙，植物油 2 大匙。

◎ 步骤

1 虾仁去除沙线，洗净，沥水；干贝洗净，泡软，切成小丁。

2 将火腿切成丁；青椒、红椒去蒂，洗净，切成丁。

3 白糖、盐、鸡精、胡椒粉放入碗中，加少许水调成味汁。

4 鸡蛋打入碗中搅散，加入适量热水调匀成鸡蛋液，倒入深盘中，用保鲜膜封好，放入蒸锅内，置火上烧沸，转小火蒸5分钟，开盖后再蒸2分钟，取出。

5 净锅置火上，加入植物油烧至四成热，下入葱末、姜末炒香，放入虾仁、干贝、火腿、青椒、红椒炒匀。

6 倒入调好的味汁煮沸，用水淀粉勾芡至浓稠，淋上香油，出锅均匀地浇在蒸好的鸡蛋糕上即可。

成品

草菇爆鸡丝

◎原料　　　鲜草菇 300 克，鸡胸肉 200 克，韭黄 20 克，蛋清 15 克，姜汁、料酒各 2 小匙，盐、白糖、生抽、水淀粉、植物油各适量。

◎步骤

1 鲜草菇去蒂，用清水洗净，改刀切成片，放入沸水锅内焯烫一下，捞出沥干。

2 韭黄去根，用清水洗净，沥净水分，切成小段。

3 鸡胸肉剔去筋膜，洗净，放在案板上，先切成大片，再把鸡肉片切成细丝。

4 鸡肉丝放入小碗内，加入料酒、姜汁、蛋清和少许盐、水淀粉腌制片刻。

5 坐锅点火，加入植物油烧热，放入鸡肉丝滑炒片刻，盛出；锅留底油烧热，放入草菇用大火翻炒1分钟，再放入鸡肉丝和韭黄段快速翻炒均匀。

6 加入生抽、白糖和盐调好口味，勾薄芡即可。

成品

双椒拌螺丁

◎原料　　活海螺6只(约1000克),青椒、红椒各75克,盐、味精、白糖、酱油、白醋、香油各适量。

◎步骤

1 青椒、红椒去蒂和籽,洗净,先切成小条,再切成小丁。

2 海螺表面刷洗干净,放入盛有淡盐水的盆内浸养;取出海螺,去壳后取海螺肉,去掉黄白色的海螺肠肝,洗净,切成小丁。

3 净锅置火上,加入清水烧沸,放入海螺丁焯透,捞出沥干。

4 海螺肉放入碗中，加入少许盐揉搓，去除黏液，洗净。

5 将盐、味精、白醋、酱油、香油、白糖放入碗中调成味汁。

6 海螺丁、青椒丁、红椒丁码放在盘内，淋上调好的味汁，食用时上桌拌匀即可。

成品

大拌菜

　　拌菜取材注重鲜、脆、爽、色、味，以拌制手法为主，体现原材质感。为达到营养、视觉及口感的最佳状态，以西生菜（绿白）、包菜（浅绿）、黄瓜（墨绿）、黄椒（黄）、红椒（红）、紫甘蓝（紫）为主要原材，注重夏日色彩的映射，由浅入深，将整个夏天拌进一个餐盘里，让秀色可餐。

　　紫甘蓝中的花青素含量较高，有预防衰老的功效，西生菜可解毒生津，黄瓜可利尿去肿，辣椒号称维生素之王，富含丰富的维生素C，所以，与其说拌菜是色彩的盛宴，不如说拌菜是一盘美丽的夏日维生素。

　　暖心，自然要走心。这丰富的夏日元素，可口的果蔬，明艳的色调，盛进碗内，浅尝一口，便内心充足。

大拌菜

◎原料　　西生菜50克，红柿子椒、黄柿子椒各1个，黄瓜1根，小番茄80克，白糖20克，盐适量，白醋适量，熟黑芝麻20克。

◎步骤

1 黄瓜洗净，切片；小番茄洗净，切块。

2 黄柿子椒洗净，切片；红柿子椒洗净，切片。

3 西生菜洗净，撕成片。

4 将备好的菜放入大碗中。

5 放入盐。

6 放入白糖。

7 加入白醋，撒入熟黑芝麻搅拌均匀即可。

西芹拌香干

◎ 原料　　香干 200 克，西芹 100 克，胡萝卜 50 克，盐、鸡精各 1/2 小匙，酱油、香油各 1 小匙，植物油 2 小匙。

◎ 步骤

1 西芹去根，撕去表面的老筋，洗净后沥水，先切成5厘米长的段，再切成粗丝；胡萝卜洗净，切成丝；一起放入沸水锅中焯至断生，捞出用冷水冲凉，沥干水分。

2 香干洗净，先片成薄片，再切成丝，放入沸水锅中焯烫一下，捞出沥干。

3 香干丝放入碗中，加入酱油、盐和香油拌匀。

4 锅中加植物油烧至六成热，下入香干丝煸炒片刻，出锅晾凉。

5 碗中放入酱油、香油、盐、鸡精拌匀成咸鲜味汁。

6 将西芹丝、香干丝和胡萝卜丝放入容器中，加入味汁拌匀，即可装盘上桌。

成品

肉丝拉皮

◎ 原料　粉皮200克，猪里脊肉150克，香菜、鸡蛋皮、黄瓜、胡萝卜、水发木耳、水发海米、金针菇、葱丝、芝麻酱、盐、味精、白糖、酱油、白醋、香油、芥末油、植物油各适量。

◎ 步骤

1 粉皮用温水泡开，再放入沸水中略焯一下，捞出过凉，沥干水分。

2 水发木耳、胡萝卜均切成丝；金针菇去根，洗净，用沸水焯透，捞出冲凉。

3 香菜择洗干净，切成段；鸡蛋皮、黄瓜均切成丝；猪里脊肉去筋膜，洗净，切成5厘米长的丝。

4 锅中加植物油烧热，下入葱丝、猪里脊肉丝煸炒至熟，再加入少许盐、酱油、味精翻炒均匀，出锅盛入盘中。

5 取大圆盘，将香菜段摆在盘边，撒上水发海米，间隔摆好各种丝料，撒上炒好的肉丝、粉皮摆在盘子中间。

6 芝麻酱装入碗中，加入凉开水、盐、酱油、白醋、白糖搅匀，再放入味精、香油、芥末油调匀，跟盘上桌，倒入盘中拌匀即可。

成品

蒜泥茄子

◎ 原料　　紫茄子500克，青椒、红椒、白芝麻、香菜各少许，蒜50克，盐1小匙，
　　　　　味精、香油各1/2小匙，料酒、植物油各适量。

◎ 步骤

1 青椒、红椒分别去蒂、籽，洗净后切碎；香菜洗净，切成碎末。

2 蒜去皮，洗净，放入碗中，加入少许料酒捣烂成蓉。

3 锅上火烧热，放入白芝麻炒香，出锅晾凉。

4 茄子洗净，从根部顺长切一刀成两半(不要切断)，再放入清水盆中，加入少许盐拌匀，腌渍10分钟，然后放入盘中，上屉用大火沸水蒸10分钟至熟，取出晾凉。

5 将蒸好的茄子切成长条(或小块)，码入净容器内，再加入蒜蓉、香菜末、盐、味精、白芝麻、香油调拌均匀。

6 坐锅点火，加油烧至六成热，下入青椒末、红椒末略炒，出锅倒在茄子上拌匀，再腌制5分钟即可。

成品

京葱拌耳丝

◎原料　　猪耳朵 500 克，葱 100 克，生姜 1 块，五香调料包 1 个，盐、鸡精、料酒、酱油、香油各适量。

◎步骤

1 大葱择洗干净，取葱白切成细丝，其余部分切成小段；生姜去皮，洗净，取一半切成姜丝，另一半切成姜片。

2 猪耳朵去残毛，洗净，放入沸水锅中焯烫一下，捞出冲净，再下入清水锅中，加入少许盐烧沸，然后放入葱段、姜片、五香调料包、料酒，转小火煮40分钟至熟，离火后在原汤内浸泡30分钟。

3 将煮好的猪耳朵捞出，切成细丝，装入容器中。

4 锅置火上，加入香油烧至六成热，下入葱丝、姜丝炒出香味。

5 趁热倒入盛有猪耳丝的容器中，用筷子迅速搅拌均匀。

6 加入少许盐、酱油、鸡精拌匀入味，装盘即成。

成品

炝拌牛百叶

◎ 原料　牛百叶 300 克，青椒、红椒各 15 克，芝麻 10 克，红干辣椒 3 克，蒜末 10 克，葱末 5 克，盐、鸡精、生抽各 1/2 小匙，白糖、陈醋、辣椒油各 1 小匙，胡椒粉、香油、料酒、花椒油各少许，植物油适量。

◎ 步骤

1 青椒、红椒去蒂和籽，洗净，切成细丝。

2 红干辣椒洗净，切成细丝；芝麻放入热锅内炒熟，取出晾凉。

3 牛百叶刮去黑膜，用清水浸泡并洗净，切成细丝，放入沸水中焯烫一下，捞出冲凉，沥干水分。

4 牛百叶丝、青椒丝、红椒丝、葱末、蒜末放入容器内拌匀，加入陈醋、白糖、盐、鸡精、生抽、胡椒粉、料酒调匀。

5 将食材码放在大盘内，淋上辣椒油、花椒油拌匀，再淋入香油。

6 锅中加入适量植物油烧热，下入红干辣椒丝、芝麻炸香，浇在百叶上即成。

成品

红蘑土豆片

◎原料　土豆 400 克，红蘑 50 克，青椒、红椒各 15 克，葱段、姜末、蒜末各少许，盐、味精各 1 小匙，胡椒粉 1/2 小匙，酱油 2 大匙，鲜汤 150 克，香油 2 小匙，植物油 750 克。

◎步骤

1 土豆削去外皮，洗净，切成薄片；青椒、红椒分别去蒂、去籽，洗净，切成小块。

2 红蘑用温水泡软，去除老根及杂质，洗净，放入沸水锅内焯烫至熟透，捞出沥水，放入碗中。

3 加入葱段、姜末和鲜汤，上锅蒸 1 小时至入味，取出。

4 净锅置火上，加入植物油烧热，放入土豆片炸熟，捞出沥油。

5 锅中留底油烧至六成热，下入葱末、姜末、青椒块、红椒块稍炒。

6 放入红蘑块、土豆片翻炒均匀出香味，加入酱油，滗入蒸红蘑的原汁烧沸；然后加入蒜末、盐、味精、胡椒粉和香油炒匀，即可出锅装盘。

成品

蔬菜油条粥

◎原料　　大米 150 克，油条 1 根，小番茄、西蓝花、胡萝卜、海带结各适量，姜末 10 克，盐、味精各 1/2 小匙，高汤 1000 克。

◎步骤

1 大米淘洗干净，放入清水中浸泡至透，捞出沥水。

2 油条切成小段；小番茄去蒂，洗净，一切两半；西蓝花洗净，掰成小朵；胡萝卜去皮，洗净，切成小条。

3 海带结用冷水浸泡，洗净；锅中加入适量清水烧沸，放入胡萝卜条、海带结焯烫一下，捞出沥水。

4 锅置火上，加入适量清水，放入姜末、大米，用大火煮沸。

5 添入高汤，放入小番茄、西蓝花、胡萝卜条、海带结、油条段煮沸。

6 转小火煮至米粥黏稠且熟；最后加入盐、味精调好口味，出锅装碗，即可上桌食用。

成品

东坡肉

◎原料 带皮猪五花肉 1000 克，鸡骨架 500 克，葱段 50 克，姜块 5 克，花椒少许，盐 1 小匙，冰糖 2 大匙，酱油 1 大匙，料酒 200 克，鲜汤 1250 克，植物油适量。

◎步骤

1 鸡骨架洗净，剁成 4 块，放入清水中浸泡片刻，捞出沥水；再放入沸水锅内煮 5 分钟，取出冲净，沥水。

2 带皮猪五花肉去净绒毛，洗净，切成大块，放入清水锅中烧沸，煮约 10 分钟，捞出沥水；趁热在肉皮上涂抹匀少许料酒和酱油，晾干表面水分。

3 锅中加植物油烧热，肉块皮朝下放入锅中，用热油不断浇淋炸至呈金黄色，捞出沥油，再切成小方块。

4 砂锅中放入鸡骨架、五花肉块，撒上葱段、姜块，再加入酱油、盐、花椒、冰糖及适量鲜汤。

5 砂锅置火上烧沸，转小火烧至软烂入味，出锅装入盘中，淋上少许汤汁即可。

成品

酸辣牛肉汤

◎原料　牛肉200克，猪五花肉100克，冬笋、水发蹄筋各50克，口蘑、火腿各25克，葱花、姜末、盐各少许，豆瓣2大匙，胡椒粉2小匙，淀粉5小匙，米醋、辣椒油各4小匙，鲜汤、水淀粉、味精、香油、植物油各适量。

◎步骤

1 牛肉剔去筋膜，洗净，切成方片；冬笋、口蘑、火腿、水发蹄筋分别洗涤整理干净，切成片，放入沸水锅中焯烫一下，捞出沥水。

2 猪五花肉洗净，切成大块，加入盐、淀粉拌匀上浆。

3 锅中加入植物油烧热，下入五花肉浸炸至熟，捞出，切成方片。

4 锅中加入少许植物油烧至六成热，下入牛肉片煸至酥香；再放入豆瓣、姜末炒香上色，添入鲜汤烧沸，下入口蘑片、火腿片、冬笋片和蹄筋片炒匀。

5 加入胡椒粉、盐、味精，用水淀粉勾芡，淋入香油、米醋，出锅装碗。

6 猪肉片再放入热油锅中炸酥，捞出；放入牛肉碗中，撒上葱花，淋入辣椒油即成。

成品

金箱豆腐汤

◎原料　豆腐3块，猪肉馅100克，草菇50克，海米25克，韭菜、葱末、姜末、盐、鸡精、料酒、酱油各少许，高汤、植物油各适量。

◎步骤

1 海米泡发，洗净，切成碎末；草菇去蒂，洗净，切成末。

2 豆腐去外层较硬的皮，用沸水焯烫一下，捞出过凉，切成块，放入热油中炸至两面呈金黄色，捞出沥油。

3 锅中加入少许植物油烧热，下入葱末、姜末和猪肉馅炒至变色；再放入海米末、草菇末翻炒均匀，加入料酒、酱油、盐调好口味，盛入盘中晾凉成馅料。

4 将炸好的豆腐块切开不切断，挖出里面的嫩豆腐。

5 酿入馅料，盖上豆腐盖，用洗净的韭菜捆成豆腐箱。

6 锅置火上，放入高汤和豆腐箱烧煮几分钟，加入盐、鸡精煮至入味，出锅倒入汤碗中即成。

成品

什锦鸡蛋面

◎ 原料　全蛋面 150 克，虾仁 50 克，草菇、猴头菇、胡萝卜、油菜心各适量，鸡蛋 1 个，葱末、姜末、胡椒粉各少许，盐、味精各 1/2 小匙，料酒 1 大匙，高汤 750 克，植物油 3 大匙。

◎ 步骤

1 锅中加入少许植物油烧热，打入鸡蛋煎至一面定型后取出；锅中加入清水烧沸，下入全蛋面煮6分钟至熟，捞出装碗。

2 虾仁去沙线，洗净，加入盐、料酒略腌；草菇洗净，一切两半；猴头菇洗净，切成小片。

3 胡萝卜去皮，洗净，切花刀片；油菜心洗净；虾仁、草菇瓣、猴头菇片、胡萝卜片、油菜入锅焯水，捞出。

4 锅中加入植物油烧至七成热，下入葱末、姜末煸炒出香味。

5 加入料酒、高汤、虾仁、草菇瓣、猴头菇片、胡萝卜片、油菜心炒匀。

6 加入盐、味精、料酒、胡椒粉烧沸，煮约2分钟，盛入全蛋面碗内，再摆上煎好的鸡蛋即可。

成品

辣炒蛤蜊

◎ 原料　　活蛤蜊400克，青椒、红椒各50克，葱、姜块、蒜瓣、辣椒酱、白糖、胡椒粉、料酒、酱油、白醋、植物油、香油各适量。

◎ 步骤

1 青椒、红椒分别去蒂和籽，洗净，先切成长条状，再改刀切成小块。

2 葱、姜块、蒜瓣洗净，均切成细末。

3 蛤蜊放入清水盆内，加入几滴植物油浸泡，使其吐净泥沙，刷洗干净，再换清水漂洗干净；锅中加入清水烧沸，放入蛤蜊煮至开壳，捞出，用原汤冲净。

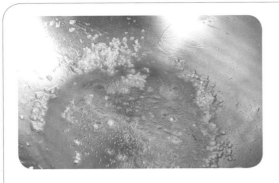

4 锅置火上，加入植物油烧至六成热，下入葱末、姜末、蒜末炝锅出香味。

5 加入辣椒酱略炒，放入青椒块和红椒块炒匀，然后加入料酒、白醋、酱油、白糖、胡椒粉调味。

6 放入蛤蜊快速翻炒至熟，淋入香油炒匀，出锅装盘即成。

成品

红油猪肚片

◎原料　　猪肚 500 克，莴笋 100 克，芝麻 25 克，葱丝 20 克，盐、花椒油、料酒、香油各少许，鸡精、白糖各 1/2 小匙，生抽 2 大匙，辣椒油 5 小匙。

◎步骤

1 莴笋去根、去皮，洗净，先切成长条，再切成片，放入加有盐的沸水中焯烫一下，捞出沥水。

2 锅置火上烧热，放入芝麻用小火煸炒出香味，出锅晾凉。

3 猪肚洗涤整理干净，放入清水锅中焯烫一下，捞出洗净；锅中加入清水烧沸，放入猪肚煮熟，捞出晾凉，切成抹刀片。

4 锅置火上烧热，加入香油烧至八成热，下入葱丝炒出香味。

5 盛入碗中，加入白糖、料酒、生抽、鸡精调匀成味汁。

6 猪肚片、莴笋片放在容器内，加入味汁拌匀，腌制入味，码入盘中，淋入辣椒油、花椒油，撒上熟芝麻拌匀，即可上桌食用。

成品

松花熏鸡腿

◎ 原料　　净鸡腿1只，松花蛋2个，盐、料酒各2小匙，味精、红糖、花椒粉各1小匙，胡椒粉少许，茶叶、香油各1大匙。

◎ 步骤

1 松花蛋剥去外层腌料，洗净，沥去水分，上屉用大火蒸透，取出，剥去外壳。

2 茶叶加入适量热水浸泡出茶香味；鸡腿放入清水中浸泡，洗净，捞出沥水，剔去骨头，放入碗中，加入料酒、盐、味精、胡椒粉、花椒粉拌匀。

3 腌好的鸡腿皮朝下铺在案板上，中间放入蒸好的松花蛋。

4 从一侧卷起成筒状，用净纱布包裹，捆紧扎牢成生坯，放入盘内，入锅蒸30分钟至熟，取出去纱布。

5 坐锅点火，撒入浸湿的茶叶和红糖，架上铁箅子，刷上香油。

6 放上松花鸡腿，盖严盖，用大火熏2分钟，呈金黄色时取出，刷上香油，切成片，装盘上桌即可。

成品

粉皮拌鸡丝

◎原料　鸡胸肉1块（约250克），绿豆粉皮200克，鸡蛋清少许，姜片、蒜瓣、盐、味精、酱油、水淀粉、香油各适量。

◎步骤

1 绿豆粉皮用清水浸泡并洗净，取出沥水，切成小条，放入沸水锅中略烫，捞出沥水。

2 姜片切成细末；蒜瓣去皮，洗净，剁成细末。

3 鸡胸肉洗净，先切成薄片，再切成长5厘米的细丝，放入碗中，加入鸡蛋清、少许盐、味精、水淀粉拌匀；锅中加入清水烧沸，放入鸡胸肉丝焯烫至熟，捞出沥水。

4 绿豆粉皮放入大盘内，放上焯烫好的熟鸡胸肉丝。

5 姜末、蒜末、盐、酱油、香油放入小碗中调匀成味汁。

6 将味汁碗和盛有鸡肉丝、粉皮的盘子放入冰箱冷藏，食用时取出，把味汁淋在绿豆粉皮和鸡肉丝上拌匀即可。

成品

蟹味菇烤鱼块

◎原料　　　草鱼 1 条（约 1000 克），芦笋 200 克，蟹味菇 100 克，香辣酱 50 克，烧烤汁 2 小匙，盐 1 小匙，材料油少许。

◎步骤

1 草鱼洗净，处理后留中段。

2 芦笋去老根，洗净，氽熟。

3 在草鱼中段皮面上斜切花刀，放盐腌制。

4 把蟹味菇表面刷材料油后放入烤箱里烤制（水分烤干即可）。

5 将腌好的鱼段刷材料油、香辣酱、烧烤汁，放入220℃的烤箱中烤制，待鱼肉烤成外焦里嫩，取出放入摆好芦笋的盘中，再装饰上蟹味菇即可。

成品

干煸大虾

◎ 原料　大虾 400 克，洋葱 50 克，蒜瓣、姜块各 10 克，盐、辣椒粉、胡椒粉、玉米淀粉、鱼露、番茄沙司、清汤、植物油、香油各适量。

◎ 步骤

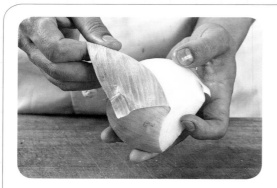

1 洋葱剥去外皮，洗净，先切成细条，再剁成碎末。

2 蒜瓣去皮，洗净，切成末；姜块去皮，洗净，切成小片。

3 大虾洗净，去掉虾须，挑出沙线，放入碗中，加入鱼露拌匀，腌制一下，再均匀拍上玉米淀粉。

4 锅置火上，加入植物油烧热，下入姜片炒香，捞出备用，放入大虾，用小火煎至熟脆，捞出沥油。

5 锅中加入植物油烧至六成热，下入洋葱末、蒜末炒出香味，加入番茄沙司、盐、辣椒粉、胡椒粉和清汤炒至浓稠。

6 放入煎好的大虾，用小火烧至汤汁将尽时，转大火收汁，淋入香油即可。

成品

第三章
经典秋季暖心菜

经典是传承，是传统家常菜的精品，是经久不衰的味蕾享受。令人怀念的经典家常菜，通过精心地准备，就是家的味道。

桂花糯米藕

八月桂花香，恰是秋意浓。桂花具有温补阳气，排毒养颜，养生润肺的功效。鲜藕富含糖类及多种维生素，具有滋阴补气，润肺止咳作用。二者通过糯米的黏性融合，是一道难得的秋季养生佳肴。

说是难得，确是寻常最可见。一道菜最有价值的不是口感和营养，而是对心性的考验。从寻常可见、随手可摘的食材，通过内心连接，融合为一体。这不仅仅是美食，更是对待生活的态度。

秋日即来，万物开始走向凋零。内心依然阳光灿烂，暖心无秋，真爱永无凋零。

桂花糯米藕

◎ 原料   莲藕 500 克，糯米 150 克，桂花酱 15 毫升，蜂蜜 15 毫升。

◎ 步骤

1 莲藕洗净，去皮，在莲藕较粗的一端4cm处切开。

2 糯米浸泡2小时，将浸泡过的糯米顺着莲藕的孔添满。

3 莲藕不要添得太满，因为糯米煮的过程中会膨胀。

4 切下来的莲藕头盖上，用牙签固定莲藕。

5 锅中加水，莲藕放在锅中，炒沸，加入蜂蜜、桂花酱。

6 莲藕煮40分钟，至汤汁变成红色，莲藕变软，即可捞出。

7 待莲藕晾凉后，切片，码入盘中，再将桂花酱撒在莲藕上，即可食用。

蛤蜊黄鱼羹

◎原料　蛤蜊 500 克，黄鱼肉 250 克，熟火腿 10 克，鸡蛋 1 个，葱末适量，盐、米醋各 1 大匙，味精 1/2 小匙，料酒 2 大匙，猪肉汤 500 克，水淀粉、熟猪油各 3 大匙。

◎步骤

1 黄鱼肉洗净，擦净表面水分，切成 1 厘米大小的丁。

2 鸡蛋磕入碗中，搅打均匀成鸡蛋液；熟火腿切成末。

3 蛤蜊放入盐水中养 2 小时，使其吐净泥沙，再用清水洗净，放入沸水锅中煮至蛤蜊壳略张开，捞出蛤蜊，剥壳取肉。

4 锅置大火上，放入熟猪油烧至五成热，下入葱末爆出香味，再烹入料酒，放入黄鱼丁煸炒一下。

5 加入盐、猪肉汤烧沸，撇去浮沫，放入味精，用水淀粉勾芡，然后放入蛤蜊肉，用勺轻轻搅拌均匀。

6 淋入鸡蛋液，用勺轻轻推匀，出锅装入碗中，撒上熟火腿末和葱末，随带一碟米醋上桌即成。

成品

盐卤虾爬子

◎原料　虾爬子500克，红辣椒1个，香菜15克，香葱10克，姜片、蒜片各10克，鸡精、胡椒粉、植物油各1大匙，白糖4小匙，酱油3大匙，高度白酒100克，卤料包1个（八角、桂皮各10克，香叶5克，葱1棵，姜1块）。

◎步骤

1 香菜、香葱择洗干净，切成段；红辣椒去蒂和籽，洗净，切成辣椒圈。

2 锅置火上，加入植物油烧热，下入姜片、蒜片炝锅出香味；再入葱段、辣椒圈煸炒片刻，盛入碗中，放入香菜段拌匀。

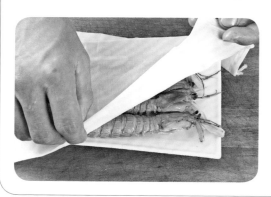

3 虾爬子刷洗干净，捞出沥水，放入盘内，取纱布1块，用高度白酒浸湿，盖在虾爬子上。

4 坐锅点火，加入400克清水，放入卤料包烧沸；再加入酱油、白糖、鸡精、胡椒粉煮5分钟。

5 关火晾凉，倒在容器内，加入高度白酒调匀成卤味汁，放入虾爬子浸泡并卤约12小时。

6 捞出虾爬子，码入盘内，撒上辣椒圈等配料，倒入少许浸泡虾爬子的卤汁即成。

成品

芥蓝炒虾仁

　　芥蓝微苦，清心泻火，清肝明目，具有防癌抗癌作用。芥蓝中有大量膳食纤维，能促进胃肠蠕动，防止便秘，同时具有降低胆固醇，软化血管，预防心脏疾病的功效，但不易久食。万物两极，相生相克，这就需要内心具备选择的力量。选择一道菜，选择不同食材的组合，都让看起来简单的菜肴，充满意义。

　　虾仁富含蛋白质、钾、碘、镁、磷等矿物质元素，补气养元。选择芥蓝与虾仁清炒组合，是给予仲秋的温补。天气逐渐沁凉，从炎夏之火到秋冬之火，开始为蕴藏万物之元而努力。身体将排清宿毒，接纳新的能量。

　　内心，接受节气的给予！

芥蓝炒虾仁

◎原料　虾仁 250 克，芥蓝 250 克，红柿子椒 1 个，姜片、盐、水淀粉、植物油各适量。

◎步骤

1 芥蓝洗净去除硬皮，切成段；红柿子椒切块。

2 虾仁放入沸水中焯烫至变色，捞出沥水备用。

3 芥蓝段、红柿子椒片放入沸水中焯烫捞出备用。

4 炒锅置于火上放入植物油用姜片炝锅，放入芥蓝、红柿子椒片翻炒均匀，放入虾仁。

5 加入少量清水。

6 放入适量的盐调味。

7 临出锅前放入水淀粉勾芡即可出锅了。

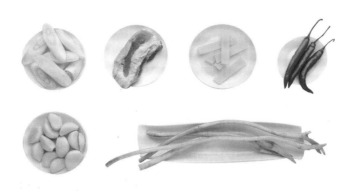

炒藕根

　　藕根，口感甜脆，滋阴养肺，补肾益心，促消化，去血瘀，健脾胃，富含丰富的维生素。从食用价值上讲，藕根是很好的保健食材，其价廉物实，从寻常百姓家到国宴礼堂，皆有佳肴呈现。

　　藕根膳食纤维较多，适合凉拌及热炒，尤以热炒为佳。因为藕根性寒、甘凉，以中火炒制，中和食物寒性，让单一食材成就低调的味觉盛宴！

　　藕根与辣椒合炒，让食材相宜相生，以辣椒的火气提升食物阳性，加五花肉烹炒，以动物油脂浸透藕根，香气荤素糅合，口感绝佳。

　　深秋，暖心之食，在于给最好的自己赋予能量，为冬天做好准备。

炒藕根

◎ 原料　藕根 250 克，五花肉 150 克，辣椒 25 克，姜、葱、蒜瓣各少许，老抽 10 毫升，糖 10 毫升，盐、植物油各适量。

◎ 步骤

1 辣椒去蒂，洗净，切成小圈；蒜瓣切成片；姜去皮，切成片；葱切成丝。

2 五花肉先切成厚片，再切成小块。

3 藕根洗净，切成滚刀块。

4 炒锅置火上，放入植物油，烧热，放入五花肉；将五花肉煸出猪油至猪肉变色，炒熟。

5 将葱丝、姜片、蒜片放入锅中翻炒均匀，放入老抽。

6 放入藕根，放入糖、盐。

7 放入辣椒圈翻炒均匀即可。

粉丝炒梭蟹

◎原料　梭蟹1只，粉丝25克，洋葱、红椒各适量，姜丝、葱花、淀粉、黑椒汁、
蚝油、鲜露、浓缩鸡汁、料酒、香油、植物油各适量。

◎步骤

1 粉丝用清水泡软，切成小段；洋葱、红椒分别择洗干净，均切成细丝。

2 梭蟹用刀背拍晕，用刷子刷洗干净，沥净水分。

3 揭开梭蟹背壳，剔掉灰色的蟹鳃，洗净，剁成大块；均匀地拍上一层淀粉，再放入热油锅内炸透，捞出沥油。

4 净锅置火上，加入植物油烧热，下入姜丝煸炒出香味，放入洋葱丝和红椒丝翻炒均匀。

5 加入黑椒汁、蚝油、鲜露、浓缩鸡汁快速炒匀。

6 烹入料酒，放入梭蟹块和粉丝翻炒均匀，淋入香油，撒上葱花炒匀，出锅装盘即成。

成品

红枣银耳粥

◎原料　　大米75克，银耳25克，莲子、枸杞子各15克，红枣2枚，冰糖50克。

◎步骤

1 红枣洗净，用温水浸泡至软，取出去核；枸杞子洗净，泡软。

2 莲子洗净，放入清水中浸泡1小时，剥去外膜，去掉莲子心，放入沸水锅中焯烫一下，捞出沥水。

3 银耳用温水泡发回软，去蒂，洗净，撕成小块，放入沸水锅中焯烫一下，捞出，沥净水分。

4 大米淘洗干净，放入锅内，加入适量清水，用大火煮沸。

5 转小火熬煮约30分钟至米粥近熟，然后放入银耳、大枣、莲子。

6 续煮至大米熟烂，放入枸杞子、冰糖煮至黏稠，即可出锅装碗。

成品

虾肉烧卖

◎ 原料　　特级面粉 150 克，大虾 10 个，猪夹心肉、肉皮冻各 100 克，白芝麻、蛋清各 20 克，盐、鸡精、酱油、姜汁、料酒各适量，水淀粉 2 小匙。

◎ 步骤

1 面粉放在案板上开窝，倒入适量沸水搅匀，揉搓至表面光滑不粘手，搓成条，分成10个剂子。

2 白芝麻洗净，入锅炒熟，取出碾碎；猪夹心肉洗净，剁成肉末；大虾去壳，留尾，洗净，放入碗中，加入少许盐、料酒拌匀。

3 猪肉末放入盆中，加入酱油、盐、姜汁、料酒、蛋清拌匀。

4 加入肉皮冻、鸡精、水淀粉、白芝麻末搅匀上劲成馅料。

5 将面剂用擀面杖擀成荷叶片(中间厚、边沿薄)。

6 荷叶片中间放上调好的馅料，收口处插上虾仁，虾尾露出来，再捏合好颈口成烧卖生坯；将烧卖生坯放入蒸笼中，用大火烧沸，蒸至熟透，取出，装盘上桌即可。

成品

捶熘凤尾虾

◎ 原料　大虾 10 个（约 500 克），午餐肉、青菜心、冬笋各 25 克，盐、味精、香油各少许，料酒 2 小匙，葱姜汁 1 大匙，淀粉 100 克，植物油 2 大匙。

◎ 步骤

1　冬笋洗涤整理干净，和午餐肉均切成菱形片；锅中加入清水烧沸，放入午餐肉、青菜心、冬笋片焯烫一下，捞出沥水。

2　大虾剥去外皮，去掉虾头保留虾尾，挑除沙线、沙包，洗净；先从背部顺长割一刀，使腹部相连，放入碗内，加入少许盐、味精、料酒、葱姜汁，腌制入味。

3　将大虾平放在案板上，粘匀淀粉，用擀面杖捶砸成大片。

4 锅中加入适量清水烧沸，放入大虾汆熟，捞出冲凉，沥干水分。

5 锅中加植物油烧至四成热，放入午餐肉片、青菜心、冬笋片，再放入汆烫好的大虾，略炒。

6 烹入料酒，加入葱姜汁、盐和少许清水烧沸，淋入香油，即可出锅装盘。

成品

酒酿清蒸鸭子

◎ 原料　　净鸭子 1 只，干莲子 50 克，葱段、姜片、盐、鸡精、胡椒粉、料酒各适量，清汤适量。

◎ 步骤

1 干莲子入沸水锅内，边煮边用炊帚反复推擦几次，捞出莲子，放入冷水中反复冲洗干净，用牙签捅掉莲子心。

2 净鸭子用清水洗净，放入沸水锅内焯烫一下，捞出冲净。

3 擦净鸭子表皮的水分，用盐、料酒抹匀鸭子内外，再将葱段、姜片放入鸭腹内，腌制3小时。

4 把鸭子腹部朝上放入砂锅内，倒入清汤淹没鸭子，盖严砂锅盖，放入蒸锅内，用大火蒸约40分钟。

5 取出鸭子，剁成大块，再放回砂锅内，加入莲子，盖上盖，放入蒸锅内再次蒸约20分钟至熟。

6 撇去浮沫，加入盐、鸡精、胡椒粉调味，原锅上桌即可。

成品

酱爆里脊丁

◎ 原料　羊里脊肉 300 克，花生 50 克，鸡蛋 1 个，葱段、姜块、蒜瓣各 10 克，盐、味精各 1/3 小匙，白糖 1 大匙，水淀粉适量，黄酱、料酒各 2 大匙，香油 1 小匙，清汤适量，植物油 750 克 (约耗 50 克)。

◎ 步骤

1 葱段切成丝；姜块、蒜瓣去皮、洗净，均切成小片。

2 花生放入温油锅内炸酥，捞出沥油。

3 黄酱放入碗中，加入少许清水调拌均匀成黄酱浓汁。

4 羊里脊肉洗净，切成1厘米厚的大片，剞上浅十字花刀，再切成小丁，加入盐、味精、料酒、鸡蛋液、水淀粉拌匀。

5 锅中加入植物油烧热，下入羊肉丁滑散、滑透，捞出沥油，锅加少许底油烧热，下入葱丝、姜片和蒜片爆出香味，烹入料酒，加入黄酱汁、白糖、盐、味精和清汤烧沸。

6 用水淀粉勾薄芡，再淋上香油炒至浓稠，倒入炸好的羊肉丁和花生快速炒匀，出锅装盘即成。

成品

回锅鸡

◎ 原料　　鸡腿肉 400 克，洋葱 100 克，青椒、红椒各 50 克，姜片 5 克，味精少许，豆瓣酱 1 大匙，甜面酱、老抽各 2 小匙，料酒 4 小匙，植物油适量。

◎ 步骤

1 洋葱去皮，洗净，切成三角块；青椒、红椒洗净，切成块。

2 鸡腿肉洗净，放入沸水锅中煮 5 分钟，捞出沥干水分。

3 鸡腿肉放入容器中，加入老抽拌匀。

4 鸡皮朝下放入热油锅中，煎至两面呈金黄色时，取出沥油，切成小块。

5 锅中留底油烧热，下入姜片炒香，再放入豆瓣酱、甜面酱、料酒炒匀。

6 然后放入洋葱块煸炒一下，放入鸡腿肉煸炒2分钟，最后放入青、红椒块炒匀，加入味精调好口味，出锅装盘即可。

成品

烤蒜土豆蓉

◎ 原料　　土豆 2 个，蒜 10 瓣，黄油 10 克，牛油 30 毫升，忌廉 40 毫升，盐、
百里香各 3 克，现磨四季胡椒少许。

◎ 步骤

1 将蒜瓣放入烤盘内，
加入黄油。

2 蒜瓣放入烤箱内烤至
金黄色。

3 土豆用水煮熟烂，沥
净水分，加入忌廉、
牛油；趁热把土豆磨成
泥，搅打至轻薄松软。

4 加入烤蒜，再用盐、现磨四季胡椒调味。

5 把做好的土豆蓉盛装，摆盘。

6 点缀百里香。

成品

玉米鱼

◎原料　草鱼1条（约1000克），鸡蛋1个，菜心2棵，葱20克，姜15克，盐1小匙，白糖1大匙，淀粉适量，水淀粉适量，玉米汁2大匙，植物油适量。

◎步骤

1 将草鱼洗净，去骨，在鱼肉上切十字花刀。

2 将切好的鱼肉修成玉米状，菜心修成玉米叶状，焯水待用。

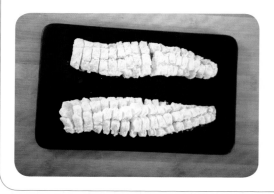

3 将草鱼裹上鸡蛋液后拍匀淀粉。

4 锅中放植物油烧至四成热，放入切成片的葱、姜，加入草鱼炸制定型，捞出；待油温升到七成热时，放草鱼复炸，炸至外脆里嫩，捞出装盘，鱼肉一端摆上菜心，摆成玉米状。

5 锅中放植物油，加入白糖炒制片刻，加盐、玉米汁，用水淀粉勾芡，浇在玉米草鱼上即成。

成品

四川泡菜

◎原料　　红干椒、花椒、老姜、甘草、子姜、蒜瓣、盐、冰糖、白酒各适量，白萝卜、胡萝卜、刀豆、豆角、黄瓜、大红椒各适量。

◎步骤

1 将白萝卜、胡萝卜、刀豆、豆角、黄瓜、大红椒分别洗净；白萝卜、胡萝卜切块；刀豆、豆角切段；大红椒切条。

2 红干椒去蒂，洗净；老姜去皮，洗净；蒜瓣去皮，拍碎。

3 锅中加入清水，放入红干椒、花椒、老姜、甘草、子姜、蒜瓣烧沸，再转小火煮10分钟至出味，然后加入盐、冰糖、白酒煮5分钟。

4 出锅倒入容器内，晾凉成泡菜味汁。

5 白萝卜、胡萝卜、刀豆、豆角、黄瓜、大红椒晾干水分，放入泡菜坛中混拌均匀，倒入泡菜味汁；盖上坛子盖，盖边倒上清水密闭，置阴凉通风处腌泡透。

6 食用时，取出装盘即可。

成品

第四章

特色 冬季暖心菜

冬季，要暖身，通过独特、纯粹的手艺，制作出家常的极致。一道道特色暖心菜，因为精心的准备让家人感受满满的爱意。

烩小吃

　　烩，是一种融合的烹饪方式，常以煮食方式将不同材质的食物融合在一起，并以夹板形式，将荤素搭配夹层，与豆腐、粉条、木耳、油菜等调配，讲究营养的均衡统一。初冬的季节，食材中均避免出现寒凉属性的食品，逐渐提升能量指数，以应对寒冷考验。

　　小吃是老少皆宜的主食形式，不仅个性组合多样，而且按需较强。你可以脱离那些传统大菜的束缚，只选择自己喜欢的食材。刚经历秋季的初补，在依稀得见雾气的早冬，一碗烩小吃，会让人轻易饱腹，精心熬制的汤头，闪着些许油花，捧碗饮尽，内心温暖充足。

　　冬天到来，万物清冷，杂烩小吃，唯心不冷。

烩小吃

◎原料 羊肉馅200克，鸡蛋2个，油菜2棵，水发木耳50克，粉条50克，豆腐500克，番茄1个，五香粉1/2小匙，葱5克，姜5克，盐1/2小匙，羊肉汤500克，淀粉少许，植物油适量。

◎步骤

1 豆腐切菱形块；水发木耳撕成小块；番茄切小块；油菜焯水待用；葱和姜切末备用。

2 羊肉馅中加葱末、姜末、五香粉、淀粉拌匀，制成馅料备用。

3 将鸡蛋打入碗中搅拌均匀；炒锅中加入植物油，倒入适量搅匀的鸡蛋液，快速转动炒锅，使蛋液均匀地摊开，制成两张鸡蛋皮待用。

4 将制好的羊肉馅料均匀地抹在鸡蛋皮上。

5 铺平的羊肉馅上面再盖一张鸡蛋皮，压实后放入冰箱冷藏10分钟。

6 将冷藏后的鸡蛋皮肉饼切成菱形块，制成夹板。

7 锅中放植物油烧到六成热，放入夹板炸至金黄色，捞出；锅中放入植物油，油稍热时放入葱末、姜末爆香，放入羊肉汤、夹板、粉条、豆腐、木耳、番茄，烧沸后加盐，倒入汤碗里，放入油菜即可。

滋补菌汤

◎原料　草菇、白玉菇、滑子蘑、口蘑、香菇各50克，枸杞子、人参各5克，葱花、姜片各3克，盐、鸡汁各1/2小匙，蘑菇精1小匙，胡椒粉少许，鸡汤500克，鸡油1大匙。

◎步骤

1 枸杞子洗净；人参洗净，斜刀切成小片；锅内加水烧沸，放入人参片和枸杞子焯烫一下，捞出沥水。

2 草菇、白玉菇、滑子蘑、口蘑、香菇分别去蒂，洗净，均切成小块；锅置火上，加入清水烧沸，放入上述食用菌焯烫一下，捞入冷水中过凉，沥干水分。

3 坐锅点火，加入鸡油烧至六成热，下入葱花、姜片炒香。

4 放入草菇、白玉菇、滑子蘑、口蘑、香菇煸炒均匀出香味。

5 添入适量鸡汤，放入人参片烧沸，加入盐、鸡汁、蘑菇精烧沸。

6 转小火煮约15分钟，加入胡椒粉调匀，撒上枸杞子，即可出锅装碗。

成品

大鹅焖土豆

◎原料　净鹅 500 克，土豆 300 克，葱段、姜块各 10 克，葱花、花椒各 5 克，八角 1 粒，盐 1 小匙，酱油、料酒各 2 小匙，味精 1/2 小匙，葱油 3 大匙。

◎步骤

1 土豆削去外皮，洗净，切成滚刀块，用清水浸泡以去除部分淀粉，捞出沥水。

2 锅中加入清水、花椒煮出香味，倒在容器内晾凉成花椒水。

3 净鹅洗净，剁成大块，放入花椒水中浸泡10分钟，捞出鹅肉块，下入沸水锅内焯烫一下，捞出过凉，沥干水分。

4 锅中加入葱油烧至八成热，下入葱段、姜块、八角炒香。

5 放入鹅肉块煸干水分，烹入料酒、酱油，添入适量清水。

6 烧沸后转小火炖50分钟至八分熟，再加入盐、土豆；焖至土豆熟软，然后加入味精调匀，出锅装碗，撒上葱花即成。

成品

水煎包

◎原料　面粉 500 克，猪肉馅、白菜各 250 克，酵母粉 10 克，葱末、姜末各
少许，盐、味精各 1/3 小匙，酱油、料酒各 1/2 大匙，白糖 1/2 小匙，
香油适量，植物油 125 克。

◎步骤

1 取少许面粉加入清水
调匀成面粉浓浆。

2 酵母粉放入盆内，加
入清水化开，放入剩
余面粉搅匀成面团，用湿
布盖严，饧30分钟。

3 白菜洗净，下入沸水
中烫透，捞出剁碎，
放在容器内，加入猪肉
馅、葱末、姜末拌匀；再
加入盐、酱油、料酒、白
糖、香油、味精搅匀成馅
料。

4 面团搓条，每25克下1个剂子，擀成圆皮，包入馅料，捏褶收口，包成水煎包生坯。

5 平锅加入植物油烧热，依次摆入水煎包生坯，再淋入清水、面粉浆。

6 盖严盖，煎焖至熟，待浆水结成薄皮时，淋入少许植物油，略煎片刻，待水煎包底部呈金黄色时，即可出锅装盘。

成品

红枣山药蒸南瓜

　　红枣补中益气、养血安神、滋阴补阳，富含多种维生素，号称天然的维生素丸。山药含黏蛋白、皂苷、游离氨基酸，具有健脾养胃，益肺止咳，减脂降糖，补肾升阳作用，对心脑血管疾病有很好的预防效果。两种食材均是冬季进补良食，与南瓜一起蒸煮，以红糖煨伴，联合增加元气，抵御寒冷侵蚀。

　　冬至，万物收敛含蓄，能量储备蓄积，在食材选取上，冬季饮食更注重对元气的培养和收纳，除高热量的餐食外，一些精致的营养主食，让冬天更具暖意。

　　暖心，不仅仅是温饱，更多是在自然中，汲取美好。

红枣山药蒸南瓜

◎ 原料　　南瓜 250 克，红枣 15 枚，山药 1 根，红糖 25 克。

◎ 步骤

1 南瓜去蒂。

2 南瓜切开后去瓤、子，切成滚刀块。

3 山药去皮。

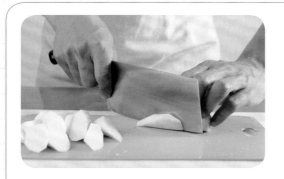

4 山药切成滚刀块；红枣洗净备用。

5 将红枣、南瓜块、山药块放入大碗中，再放入红糖。

6 再将大碗放入蒸锅中，上汽再蒸20分钟即可。

麻团

◎ 原料　　糯米粉、豆沙馅各500克，小麦淀粉100克，白芝麻50克，白糖3大匙，熟猪油75克，植物油适量。

◎ 步骤

1 豆沙馅加入少许糯米粉搓匀，再制成15克1个的馅心。

2 芝麻洗净，放入锅内煸炒至熟香，取出晾凉；小麦淀粉放入盆内，倒入适量沸水搅成浓糊状。

3 加入糯米粉、白糖、熟猪油调匀，揉搓均匀成面团，稍饧。

4 面团搓成长条，每25克下一个面剂，用擀面杖擀成圆饼状，放入一个馅心，包好封口，揉搓成麻团生坯。

5 芝麻放在案板上，将麻团生坯沾上少许清水，均匀地滚上白芝麻。

6 锅中加入植物油烧热，下入麻团炸至膨胀浮起、呈金黄色时，捞出沥油，装盘上桌即成。

成品

羊肉丸子汤

◎原料　　羊腿肉 200 克，白菜 150 克，香菜 25 克，鸡蛋清 1 个，葱末、姜末、盐、味精、料酒、水淀粉、香油各适量。

◎步骤

1 白菜去根和老叶，洗净，顶刀切成细丝；香菜择洗干净，剁成碎末。

2 羊腿肉剔去筋膜，洗净，沥干水分，剁成细末，放入大碗内；加入姜末、葱末，边搅边加入少许清水至羊肉上浆起劲。

3 加入鸡蛋清、水淀粉、盐、味精、料酒、香油搅拌均匀。

4 锅置大火上，加入清水1500克烧沸，放入白菜丝稍煮片刻。

5 用小勺将馅料制成小丸子，逐个放入汤锅内，烧沸后撇去浮沫，加入盐、料酒调味。

6 调入味精，淋入香油，倒入大汤碗内，撒上香菜末即成。

成品

火腿炖肘子

◎原料　　猪肘子1个，火腿250克，冬瓜200克，黄豆100克，葱段、姜片各少许，盐1小匙，鸡精2小匙，料酒2大匙。

◎步骤

1 猪肘刮净绒毛，洗净，放入清水锅内焯出血水，捞出洗净。

2 冬瓜去皮、去瓤，洗净，挖成圆球状，放入加有少许盐的沸水中稍煮，捞出沥水。

3 火腿刷洗干净，放入清水锅中烧沸，再转小火煮至七分熟，捞出。

4 锅置大火上，放入清水、猪肘和黄豆，烧沸，加入葱段、姜片、料酒、盐、鸡精，转小火煮至八分熟。

5 捞出猪肘，剔去骨头，汤汁滤掉黄豆和杂质，留用；取一砂锅，放入煮好的火腿和猪肘，再倒入煮猪肘的原汤。

6 砂锅置火上烧沸，转小火炖至猪肘熟烂，再加入冬瓜球续炖10分钟，原锅上桌即可。

成品

葱爆鸭块

◎原料　鸭腿 500 克，葱 100 克，鸡蛋 1 个，盐、鸡精、白糖、面粉、酱油、料酒、植物油各适量。

◎步骤

1 葱去根和老叶，洗净，沥去水分，斜刀切成长段。

2 鸭腿剔去骨头，洗净，沥水，先在内侧剞上浅十字花刀，再切成 2 厘米大的块，放入碗中，加入盐、酱油、面粉拌匀。

3 鸡蛋打散，加入面粉备用。

4 将鸡蛋液倒入鸭腿块中，然后加入少许植物油拌匀；锅中加入植物油烧至六成热，下入葱段炸至金黄色，捞出。

5 待油温升至七成热时，放入鸭块拨散、炸熟，捞出沥油。

6 锅留底油烧热，放入炸好的鸭块和葱段煸炒出香味，加入料酒、白糖、盐、酱油和少许清水烧沸，撒上鸡精即可出锅。

成品

酱烧冬笋

◎原料　　冬笋 500 克，猪肉 50 克，香葱 15 克，盐、白糖、醪糟各少许，甜
　　　　酱 2 大匙，鲜汤 3 大匙，植物油适量。

◎步骤

1 把冬笋切去笋根，剥去冬笋外皮。

2 把冬笋用清水漂洗干净，切成长5厘米的长条；猪肉切成小粒；香葱切成小段。

3 净锅置火上，放入植物油烧至六成热，下入冬笋条炸至呈金黄色，捞出沥油。

4 锅留少许底油烧热，放入猪肉粒，小火煸炒出香味。

5 放入甜酱，倒入炸好的笋条翻炒均匀。

6 加入鲜汤、盐、白糖、醪糟，转小火烧至入味，撒上香葱段，出锅装盘即可。

成品

桂圆鱼头猪骨煲

◎ 原料 　鱼头 1 个，猪腔骨 250 克，桂圆 25 克，葱段、姜块各 25 克，干辣椒 10 克，盐 2 小匙，米醋 1 小匙，啤酒适量。

◎ 步骤

1 将鱼头去掉鱼鳃，放入淡盐水中洗净，捞出，沥净水分。

2 净锅置火上，加入适量清水、少许葱段、姜块煮沸，放入鱼头焯烫一下，捞出沥水。

3 猪腔骨洗净，放入清水锅中烧沸，焯烫一下，捞出，用清水洗净，沥去水分。

4 桂圆剥去外壳，去掉果核，桂圆肉洗净，沥净水分。

5 把猪腔骨放入电紫砂煲中垫底，再摆上鱼头，加入桂圆肉，然后放入葱段、姜块和干辣椒，加入米醋，倒入啤酒淹没鱼头。

6 盖上煲盖，按养生汤键（中温）加热约60分钟至熟烂，加入盐调好口味，出锅装碗即可。

成品

吴王豆腐

◎ 原料　豆腐 500 克，羊肉 200 克，胡萝卜 50 克，葱末 5 克，姜末 5 克，老抽 1 小匙，五香粉 1 小匙，羊肉汤 500 克，红椒 20 克，酸菜 100 克，水淀粉 10 克，盐 1/2 小匙，植物油适量。

◎ 步骤

1 羊肉、胡萝卜、红椒切成末，加入葱末、姜末、五香粉、盐拌匀，制成肉馅。

2 将豆腐切成长方块。

3 将切好的豆腐块放入七成热的植物油锅中，炸至呈金黄色，捞出。

4 在炸好的豆腐上面切开，不要切断，掏空里面的豆腐，填满肉馅，将做好的豆腐盒子放在深盘里，倒入羊肉汤，用老抽调色，上锅蒸30分钟至熟。

5 炒锅中放植物油，放入酸菜煸干水分，放在盘里；将蒸好的豆腐箱子码放在炒好的酸菜上面，原汤加水淀粉勾芡，浇在上面即可。

成品

煎蒸银鳕鱼

◎ 原料　冻银鳕鱼250克，小红尖椒25克，香菜10克，葱15克，姜块10克，盐、料酒、酱油、胡椒粉、白糖、味精、淀粉、植物油各适量。

◎ 步骤

1 葱去根和老叶，洗净，切成细丝。

2 姜块去皮，洗净，切成丝。

3 小红尖椒去蒂，切碎；香菜洗净，切碎。

4 冻银鳕鱼解冻，用干净的毛巾吸干表面水分，撒上淀粉静置；把盐、酱油、料酒、胡椒粉、白糖、味精放入小碗内搅拌均匀成味汁。

5 净锅置火上，放入植物油烧热，加入银鳕鱼煎至金黄色；取出银鳕鱼，再放入蒸锅内，用大火蒸5分钟，出锅。

6 将调好的味汁淋在银鳕鱼上；葱丝、姜丝、香菜段、红尖椒拌匀，撒在银鳕鱼上，淋上烧热的植物油，上桌即可。

成品

翡翠鱼花

◎ 原料　　草鱼1条（约1500克），西蓝花100克，鸡蛋2个，番茄沙司2小匙，葱10克，姜10克，盐1/3小匙，白糖1小匙，淀粉10克，水淀粉适量，植物油适量。

◎ 步骤

1 草鱼去头、去尾，剔刺留肉（带皮）。

2 在鱼肉上切十字花刀。

3 将鸡蛋打成蛋液。

4 将其中一半鱼肉切成大小2段，将3段鱼花裹匀蛋液后拍上淀粉。

5 锅中放入植物油烧至六成热，放入鱼花浸炸定型，捞出；待油温升至八成热时，再放入鱼花冲炸成金黄色，捞出装盘，盘边围上焯过水的西蓝花；锅中放植物油，加入切成末的葱、姜，加白糖、盐煸香，放入番茄沙司，加清水烧开，用水淀粉勾芡，浇在鱼花上即可。

成品

珍珠羊肉丸

◎ 原料 　羊肉 300 克，葱 10 克，姜 5 克，糯米 100 克，小米 50 克，黑芝麻 20 克，盐 1/2 小匙，五香粉 1/2 小匙

◎ 步骤

1 羊肉剁碎；葱、姜切末。

2 糯米用水浸泡2小时。

3 小米用水浸泡2小时。

4 羊肉碎、葱末、姜末、五香粉、盐拌匀制成馅料。

5 将拌好的羊肉馅挤成丸子；粘上泡好的糯米、小米、黑芝麻，制成珍珠丸子。

6 将珍珠丸子上锅蒸30分钟至熟，装盘即可。

成品

草菇木耳汤

◎ 原料　鲜草菇 100 克，水发黑木耳、冬笋各 50 克，蒜薹 30 克，盐 1/2 大匙，味精、白糖各 1 小匙，胡椒粉少许，高汤 1000 克。

◎ 步骤

1 水发黑木耳去蒂，洗净，撕成小块，用沸水焯烫，捞出沥水。

2 冬笋去根，洗净，切菱形片；蒜薹择洗干净，切成小段。

3 鲜草菇放入清水盆内，加少许盐拌匀并浸泡，捞出后洗净，切成大片，下入沸水锅中焯烫一下，捞出沥干。

4 锅中加入少许高汤烧沸，放入黑木耳、冬笋片、蒜薹，用小火煮约1分钟，捞出沥水，放入碗中。

5 原锅加入草菇煮3分钟至入味，捞出后放在装有黑木耳的碗中。

6 锅中倒入剩余的高汤，加入盐、味精、白糖、胡椒粉调味。烧沸后倒在盛有草菇的汤碗中即可。

成品

五香牛尾煲

◎原料　　牛尾 350 克，蒜瓣 100 克，葱、姜块、干红辣椒各 15 克，盐、味精、蒜油、白糖各 1/2 小匙，料酒 2 大匙，五香料 1 小匙，酱油、香油各 1 大匙，鲜汤 1000 克，植物油 5 大匙。

◎步骤

1 葱洗净，切成长段；姜块去皮，洗净，切成小片。

2 蒜瓣去皮，用刀背拍松；干红辣椒切成小段。

3 牛尾去除杂毛、洗净，从骨节处剁开成段；净锅置火上，加入清水、牛尾块烧沸，焯烫一下，捞出沥水。

4 锅置火上，加油烧至七成热，下入葱段、姜片煸出香味，烹入料酒，放入牛尾段煸炒片刻；加入酱油、五香料、盐、味精、白糖、鲜汤烧煨入味；把烧好的牛尾块倒入蒸碗中，上笼蒸熟，取出。

5 净锅中加植物油烧热，下入干红辣椒段、蒜炒香，牛尾连汤一同倒入锅中。

6 烧至汤汁浓稠时，淋入蒜油、香油，即可出锅装碗。

成品

彩椒牛肉炒饭

◎原料　米饭 300 克，牛肉 150 克，青椒、黄椒、红椒各 50 克，洋葱 30 克，香菇 2 朵，鸡蛋 1 个，盐、醪糟、淀粉、酱油各 1 小匙，胡椒粉 1/2 小匙，植物油适量。

◎步骤

1 牛肉去筋膜，洗净，切成小丁，放入碗内，加入酱油、醪糟、淀粉调匀，腌制10分钟。

2 青椒、黄椒、红椒去蒂及籽，洗净，切成小丁；香菇用清水泡软，洗净，切成小丁；鸡蛋磕入碗中搅散；洋葱去皮，洗净，切成小粒。

3 锅中加植物油烧热，倒入调好的鸡蛋液炒至定浆，盛出。

4 锅中加植物油烧热，放入牛肉丁滑至变色，盛出。

5 锅中余油烧热，先下入香菇丁、洋葱丁炒香，再放入米饭快速炒散，然后放入青椒丁、红椒丁、黄椒丁炒匀。

6 放入牛肉丁、鸡蛋略炒，再加入盐、胡椒粉炒匀，即可出锅装盘。

成品

茄汁牛肉面

◎ 原料　　牛肋肉 500 克，面条 150 克，番茄 3 个，豌豆少许，姜片、葱段各适量，盐 1/2 小匙，白糖、酱油、料酒各 1 大匙，番茄酱 3 大匙，香油少许，植物油 2 大匙。

◎ 步骤

1 番茄去蒂，洗净，切成小块；豌豆洗净，放入清水锅内焯烫一下，捞出过凉、沥水。

2 牛肋肉剔去筋膜，用沸水焯烫一下，除净血污，捞出后洗净，过凉，放入锅中，加入料酒、姜片及适量清水烧沸，转小火煮20分钟，捞出切块，留汤备用。

3 锅中加入植物油烧至七成热，放入牛肋肉块、葱段炒出香味。

4 加入酱油、料酒、白糖、番茄酱、盐炒匀，倒入牛肉汤烧沸，转小火炖约30分钟至汤汁浓稠入味。

5 放入番茄块续炖20分钟至牛肉熟烂，撒上豌豆，淋入香油。

6 面条放入清水锅内煮熟，捞出装盘，再浇上茄汁牛肉块即成。

成品

红焖排骨面

◎原料　面条 500 克，猪排骨 200 克，油菜 75 克，葱段 10 克，姜片、蒜片
各 5 克，花椒、八角、干红辣椒、白糖、料酒各适量，盐 1 小匙，酱
油 1 大匙，植物油 2 大匙。

◎步骤

1 干红辣椒去蒂，洗净，沥净水分，切成小段。

2 油菜择洗干净，在根部剞上十字花刀，放入加有少许植物油的沸水中焯烫一下，捞出过凉，沥水。

3 猪排骨洗净，顺长切成长条，再剁成骨牌块，放入沸水锅中焯烫 5 分钟，捞出洗净。

4 锅中加植物油烧至八成热，下入葱段、姜片、蒜片、八角炝锅；放入排骨、花椒、干红辣椒段煸炒，加入酱油、盐、白糖、料酒。

5 倒入适量清水烧沸，转小火焖煮1小时。

6 待排骨酥烂时，捞出花椒、八角、干红辣椒段、葱段、姜片、蒜片成浇汁；面条煮熟，捞出装碗，放上油菜和排骨，淋上浇汁即可。

成品

炒杂菜

杂菜，顾名思义就是多种食材联合炒拌，将韭菜、胡萝卜、豆芽、粉丝等食材焯熟，依据个人口感搭配，拌炒随心，营养杂合。

节气之末，在于总结，万千章法，杂中生序。一道菜，做到无法便是有法；数种食材，清炒入味，终于把所有剩余，都做了解。

暖心，在寒冷的冬天，避免不了前三个季节所有的剩余，所有杂事，也需一并了解。炒杂菜，或许正印证了一切终究要解决的人生态度。

吃完杂菜，或再无杂事，回首过往，皆是暖心。

炒杂菜

◎ 原料　　鸡蛋3个，韭菜30克，胡萝卜200克，绿豆芽100克，粉丝50克，蒜片少许，葱花适量，生抽、盐、植物油各适量。

◎ 步骤

1 胡萝卜削皮，切丝备用。

2 韭菜洗净，切段备用。

3 粉丝放入容器内，倒入清水浸泡20分钟左右。

4 鸡蛋磕入容器内，加入盐，打散备用。

5 炒锅置火上，倒入植物油，加入鸡蛋翻炒后倒出备用。

6 另起锅，倒入植物油，加入蒜片，葱花煸香，加入绿豆芽、生抽翻炒，加入盐、粉丝翻炒均匀。

7 加入韭菜、胡萝卜丝、鸡蛋翻炒均匀即可。

蜂蜜夹心饼

◎ 原料　　普通面粉450克，蜂蜜60克，鸡蛋100克，白砂糖250克，黄油270克，泡打粉6克，盐1克。

◎ 步骤

1 将黄油和白砂糖混合搅拌约5分钟，加入鸡蛋继续搅拌。

2 加入面粉、泡打粉、盐，用手搅拌均匀，注意不可以长时间搅拌以避免面粉上劲。

3 加入蜂蜜搅拌均匀，制成饼干面团。

4 将饼干面团擀成0.5厘米厚的长片。

5 用六角形模具，做成六角星小饼干；整齐地摆放在烤盘上，放入烤箱，用180℃的炉温烘烤12分钟。

6 取出后晾凉，中间夹入蜂蜜即成。

成品

食・新味

暖 ♥ 心
家常菜